Abrégé

des renseignements

SUR

l'Académie agricole de Pétrowsky.

Extrait de la IIe partie des «Matériaux réunis par le Comité d'organisation
des Congrès internationaux d'anthropologie & d'archéologie préhistorique
et de zoologie à Moscou, en 1892».

MOSCOU.
Imprimerie de la société **I. N. Kouschnereff & C⁰,**
Pimenovskaya, propre maison.
1893.

Abrégé

des renseignements

SUR

L'Académie agricole de Pétrowsky.

Extrait de la IIe partie des «Matériaux réunis par le Comité d'organisation des Congrès internationaux d'anthropologie & d'archéologie préhistorique et de zoologie à Moscou, en 1892».

MOSCOU.
Imprimerie de la société I. N. Kouschnereff & C⁰,
Pimenovskaya, propre maison.
1893.

ABRÉGÉ

des renseignements

SUR

l'Académie agricole de Pétrovskoë.

L'Académie de Pétrovskoë est située 55°49′58″ de latitude nord et 37°33′07″ de longitude est de Greenwich. L'élévation au dessus du niveau de la mer est de 170 mètres. L'Académie est située à une distance de dix verstes vers le nord-ouest du centre de Moscou.

Pour donner une idée des conditions climatériques dans lesquelles se trouve l'Académie, on peut citer la table suivante des données météorologiques moyennes calculées des annuelles moyennes pour les 12 ans de 1879 à 1890.

La pression baromètrique moyenne . . . . 745.5 m/m.

 „ „ maximale „ 769.4

 „ „ minimale „ 717.6

La température annuelle moyenne . . . . . . 3.7° C.

 „ „ maximale „ . . . . . . 31.0° C.

 „ „ minimale „ . . . . . —31.7° C.

La quantité moyenne des sédiments annuels. 512.8 m/m.

 „ „ de la pluie maximale pour 12 ans . 42.0

 „ „ „ „ „ „ moyenne . . 30.6

Le nombre moyen des jours avec des sédiments . 162

 „ „ des jours screins 47

 „ „ „ „ sombres 141

 „ „ „ „ de gelées 117

 „ „ „ „ de dégèle 166

1

L'idée de l'institution d'une école supérieure d'agriculture au centre de la Russie a été exprimée pour la première fois dans la Société Impériale d'Agriculture de Moscou, en 1857. Sympatisant à cette idée, le ministre des domaines, M. N. Mouravieff, en a avancé la réalisation à l'aide d'un comité spécial, et le 14 novembre 1860 eut lieu l'ordonnance Impériale sur l'achat de la propriété Pétrovskoë-Rasoumovskoë, dans le but d'y instituer une Académie d'agriculture. La nécessité d'une école supérieure d'Agriculture a été motivée par la prévision que les conditions de la population villageoise devant être très prochainement changées, elles provoqueraient des changements dans les conditions de toute l'industrie agricole. L'instruction spéciale d'Agriculture deviendrait ainsi un élément nécessaire dans la vie du pays, pour relever l'intensité de la principale industrie et pour favoriser sa nouvelle organisation; en même temps le gouvernement avait besoin de spécialistes pour le service dans les institutions qui ont des rapport avec l'agriculture.

Conformément à ces exigences, on voulait baser l'organisation de l'Académie d'agriculture sur l'enseignement du cours complet des sciences d'économie rurale, ainsi que des sciences fondamentales qui s'y rattachent; on a ajouté à ce cycle les sciences auxiliaires, dont la connaissance était utile à l'agriculteur.

Il a été décidé que l'accès de l'Académie serait libre pour tout le monde et que chacun pourrait choisir la branche des sciences qu'il voudrait étudier, suivant le but et les nécessités de ses occupations futures.

En automne 1861, on procéda à l'organisation et à l'adaptation de la propriété acquise pour l'Académie et à mettre en bail de 96 ans des portions de terrain, appartenant à cette propriété, dans le but d'y faire construire des logements pour les auditeurs futurs de l'Académie.

L'organisation ultérieure se fit successivement.

En 1862, on décida d'ajouter la section forestière et on procéda à l'arrangement d'un district forestier. Le comte

Wargass de Bédemar l'avait organisé en 1863. C'est alors que l'Académie fut appelée: Académie agricole et forestière. La valeur totale de l'institution, y compris l'achat de la propriété (250.000), montait à 1.007.083 roubles $68^1/_4$ k.

Le premier statut de l'Académie, confirmé par l'autorité supérieure le 27 octobre 1865, renfermait les principes de l'organisation ci-dessus mentionnée. On avait établi le cours de trois ans; les personnes, ayant fait leurs études au gymnase ou dans un établissement correspondant, pouvaient recevoir, après avoir subi les examens spéciaux, le brevet de bachelier d'Agriculture ou de Sylviculture, avec le droit d'être licenciés ès-sciences.

L'ouverture solennelle de l'Académie eut lieu le 21 novembre 1865, et les leçons commencèrent le 7 février 1866. Bientôt le nombre des aspirants à entrer dans ce nouvel établissement atteignit le chiffre--680 hommes.

Le premier statut fonctionna jusqu'à l'an 1872, quand il fut remplacé par des réglements transitoires, et en 1873 un nouveau statut fut confirmé par l'autorité supérieure.

Les traits caractéristiques du nouveau Statut étaient les suivants: le cours d'Académie fut prolongé jusqu'à 4 ans, les auditeurs (selon le nouveau statut: étudiants) ne pouvaient rester à l'Académie plus de six ans; on exigeait pour être reçu à l'Académie l'achèvement complet du cours de gymnase ou de quelque autre établissement analogue et on avait établi les examens de cours (annuels); les étudiants, en terminant leur cours obtenaient le grade d'étudiant actuel ou celui de bachelier; ceux-ci, comme antérieurement, avaient le droit de subir leur examen comme licenciés ès-sciences en Agriculture ou Sylviculture. Le paiement pour le droit de suivre les leçons fut augmenté de 12 r. 50 k. par semestre à 20 r. pour les étudiants et à 75 roubles pour les étudiants non inscrits. On appelait ainsi les personnes qui n'étaient pas obligées de subir les examens annuels, mais qui avaient le droit de le faire, ainsi que de recevoir les mêmes grades après avoir présenté les certificats du gymnase ou d'une école professionnelle.

1*

En 1883, l'accès des étudiants dans la section forestière fut suspendu dans le but d'une plus grande spécialisation de l'école. Pour les étudiants qui finissaient leur cours, on avait organisé des exercices pratiques pendant l'été dans les propriétés privées bien administrées, pour leur apprendre à mieux connaître la pratique de l'agriculture.

Le statut, qui fonctionne à présent, fut confirmé le 12 mars 1890. Le cours des études dure comme auparavant quatre ans; mais l'année académique commence le 15 janvier. Le premier semestre dure jusqu'au premier juin. Trois mois (juin, juillet et août) sont consacrés aux études pratiques; le second semestre dure du 1-er septembre jusqu'au commencement de novembre et du 1-er novembre jusqu'au 1-er décembre durent les examens. Le reste du temps est destiné pour les vacances. Les questions qui touchent la vie scientifique et l'instruction à l'Académie, ainsi que l'élargissement et le perfectionnement de l'enseignement, la distribution des moyens d'enseignement, les examens de semestres etc .. sont du ressort du Conseil. Pour juger les questions les plus graves des occupations pratiques et des institutions scientifiques et en même temps économiques, on a placé près du Conseil un Comité particulier des personnes gérant ces institutions, et des professeurs des objets spéciaux. L'administration, formée du Directeur, de son Aide, du Président du comité délibératif et de l'Inspecteur, gère les affaires économiques de l'Académie et la partie disciplinaire à l'égard des étudiants.

Le cens d'instruction est resté le même, mais on exige de ceux qui entrent à l'Académie, une pratique préalable dans des propriétés privées, c'est pourquoi on leur donne après l'achèvement du cours dans un établissement professionnel, un sursis jusqu'au 1-er décembre. Le paiement pour le droit de suivre les leçons est pour les auditeurs et les étudiants qui ont achevé le cours d'une autre école supérieure, de 50 r. par an et pour les autres—150 r.

Les étudiants qui ont achevé leurs études avec succès reçoivent, après avoir présenté des dissertations, le grade d'agronome de premier rang. et ceux qui n'ont pas présenté de

Phototypie de la Société J. N. Kouschnereff & C°.

Vue du bàtiment principal et de l'église de l'académie.

dissertations, ou qui n'ont fini leurs études que passablement, reçoivent le grade d'agronome de deuxième rang.

On peut ranger les sciences enseignées à l'Académie, outre la téologie orthodoxe, dans les catégories suivantes.

A) Objets fondamentaux: 1) la physique et la météorologie avec la climatologie, 2) la chimie anorganique, organique et analytique, 3) la minéralogie et la géologie, 4) la botanique: morphologie, systématique et physiologie, 5) la zoologie, l'anatomie comparée et la physiologie des animaux; 6) l'économie politique et la statistique.

B) Objets spéciaux: 1) l'agriculture générale et spéciale, 2) la zootéchnie générale et spéciale, 3) l'économie rurale et la statistique agricole, 4) la chimie agronomique, 5) la technologie agricole.

C) Objets auxiliaires: 1) les sciences forestières, 2) la mécanique agricole 3) le génie et l'architecture agricole, 4) la géodésie élémentaire, 5) la jurisprudence, 6) les langues modernes: le français, l'allemand et l'anglais; l'une des langues est obligatoire pour les élèves.

On dépense, d'après le budjet, pour l'entretien de tout le personnel de l'Académie. 81,900 r. Toutes les autres dépenses d'enseignement et de ménage montent à 95,690 roubles. Ainsi, l'entretien annuel de l'Académie revient à 177.590 r. En outre, l'Académie dispose des sommes provenant des recettes pour le droit de visiter les leçons; ces sommes sont destinées à l'enseignement. Dès le commencement de son l'existence, de 1865 à 1890, l'Académie de Pétrovskoë avait 2,919 élèves, dont on compte aujourd'hui 200. Le professeur *E. Schwené* a calculé que du nombre total des élèves de l'Académie, jusqu'en 1886 inclusivement—82% se sont occupés d'économie rurale et forestière et de tout ce qui a un rapport quelconque à ces branches d'industrie. L'Académie de Pétrovskoë a fourni beaucoup de professeurs des sciences agronomiques aux écoles supérieures, ou contribué à les préparer; elle a fourni presque tout les intendants pour les fermes de la couronne et les maîtres pour les écoles moyennes d'agriculture.

Outre les ouvrages du personnel des professeurs, qui ont été publiés séparement ou sur les pages des éditions spéciales russes ou étrangères, beaucoup d'ouvrages des professeurs, des anciens élèves et les oeuvres les plus remarquables des étudiants sont insérés dans l'organe spécial de l'Académie, sous le titre: „Annales de l'Académie agricole de Petrovskoë".

Ce journal paraît trois fois par an. Le Conseil de l'Académie a des sommes particulières à sa disposition pour l'édition des ouvrages érudits du personnel de l'Académie.

L'enseignement de la plupart des sciences est secondé des ressources correspondantes. Certaines de ces ressources ont un caractère scientifique, telles que la bibliothèque, les cabinets avec des collections, le laboratoire et les institutions spéciales; les autres ont plutôt un caractere économique, telles que la ferme, le rucher, la forêt et les institutions horticoles.

I. *Ressources auxiliaires de caractère scientifique.*

A) *La bibliothèque* de l'Académie se divise en trois parties la principale est disposée dans le bâtiment des auditoires; celle de chimie a été transportée à cause de la commodité dans le bâtiment du laboratoire de chimie. La bibliothèque principale et chimique renferme à présent plus de 29,100 volumes et dans ce nombre près de 200 doublets.

On reçoit chaque année 173 ouvrages périodiques généraux et spéciaux pour la section principale et 15 pour celle de chimie. Le nombre des éditions périodiques gratuites de différentes institutions russes et étrangères est de 127. Le budget ordinaire pour la bibliothèque s'élève à 3,000 roubles, le surnuméraire est de 300 roubles.

Cette somme est partagée à peu près ainsi: 54—55% pour les éditions périodiques; 14% pour l'acquisition des oeuvres pour les chaires des objets fondamentaux et spéciaux, 2% pour les chaires des objets auxiliaires et les 15% restants pour les reliures etc...

B. *Objets spéciaux.*

Agriculture. La chaire d'agriculture dispose des ressources auxiliaires suivantes: un cabinet avec laboratoire pour les occupations pratiques des étudiants, un laboratoire pour les traveaux scientifiques en agriculture; un champ expérimental, avec une collection de machines et d'instruments dans un bâtiment particulier et un jardin botanique des plantes agricoles.

On peut disposer les collections du cabinet d'agriculture en plusieurs catégories.

Pour la connaissance du sol se trouvent: une collection d'appareils pour les recherches des qualités physiques et mécaniques du sol, au nombre de 109 №№; une collection de roches et de sols qui en sont formés—200 №№; une collection de sols des différentes localités de l'empire Russe, au nombre de 500 échantillons, un grand nombre des échantillons de ces sols ont été analysés dans les laboratoires de l'Académie.

Une collection de sols typiques.

Pour l'agriculture générale: une collection d'engrais et d'amendements—55 №№; une collection de modèles d'instruments agricoles et de leurs détails—71 №№, une collection de modèles de bâtiments ruraux; une collection d'appareils pour l'investigation des semences.

Pour la culture des plantes: une collection spermatologique; une collection de semences des plantes de culture—240 №№; une collection de semences de mauvaises herbes—1300 №№; une collection d'épis des graminées — 400 №№; une collection de fruits mûrs des autres plantes rustiques — 126 №№; une collection de modèles des plantes à racines - 146 №№; une collection de différentes espèces de lin et de chanvre en filaments. Une grande collection de dessins originaux sur la culture des plantes, exécutés au crayon et à l' aquarelle—176 №№.

Les herbiers des plantes de culture, de mauvaises herbes et un herbier sur la patologie des plantes.

Une collection de différentes cartes et tableaux.

Le laboratoire d'étude dispose des moyens pour l'occupation simultanée de 30 étudiants. Les travaux des étudiants en laboratoire consistent dans la définition de la composition mécanique des sols, de leurs qualités physiques, nécessaires pour leur caractéristique scientifique et économique.

Dans ce même laboratoire, les étudiants s'occupent de la définition des qualités des graines agricoles et de leur utilité économique.

Outre le laboratoire d'étude, le cabinet dispose depuis 1888, d'un laboratoire particulier pour les travaux et investigations originales sur les questions d'agriculture et de connaissance du sol et, dès l'an 1891, une partie en est appropriée pour les travaux de bactériologie.

La chaire d'agriculture dispose d'un champ expérimental, qui contient une aire de 15 hectares. La grande partie de l'aire est occupée par des portions de terrain d'expérimentation, une partie par le jardin botanique des plantes économiques et le reste par les bâtiments de la métairie.

La partie la plus ancienne et la plus cultivée du champ expérimental consiste en 4 portions de terrain de 1000 mètres carrés chacune, où l'on pratique l'assolement de Norfolk 1) pomme de terre, 2) froment d'été avec trèfle, 3) trèfle, 4) seigle.

On possède en outre: un assolement de 9 champs à 1200 mètres carrés et un assolement de trois champs à 1000 mètres carrés. Le reste de l'aire est occupé par des portions sans assolements et par des prairies. Les portions de prairie peuvent être irriguées par l'eau des étangs, situés à l'est du champ expérimental et par les eaux d'égout, charriées par des tubes souterrains de la métairie de l'Académie. Dans ce but, on a donné à la plupart des portions de prairie une surface régulière à une ou deux pentes. Les assolements établis servent à démontrer l'influence mutuelle de différentes plantes dans leur conséquence. En même temps, les professeurs et les étudiants se servent du champ pour des expériences scientifiques; enfin, un grand nombre de plantes, qui entre dans les assolements, sert pour des expériences sur l'acclimatation des espèces.

Vue du bâtiment principal du côté du jardin.

Le jardin botanique des plantes économiques s'étend jusqu'à 2,000 toises carrées et on y cultive annuellement dans le but démonstratif les collections suivantes:

a) Des céréales d'automne et de printemps et d'autres espèces de plantes alimentaires;

b) des plantes fourragères annuelles et vivaces et des plantes légumineuses;

c) des plantes techniques.

Le nombre de toutes les espèces de plantes cultivées monte jusqu'à 500 *).

Ces collections servent aux expériences sur l'acclimatation des plantes.

L'expérience montre que parmi différentes espèces de Triticum vulgare, les plantes suivantes supportent tout-à-fait bien l'hiver local: kostromka, sandomirka et banatka; moins bien: kouiavskaia; et quelquefois survivent Hicking, Blé géant Milanais et Miracle.

Parmi les plantes fourragères: Medicago sativa, Onobrychis sativa et Poterium sanguisorba; les trois plantes précédentes peuvent végéter sur la même place pendant 5 ans.

Près du champ expérimental se trouve un bâtiment particulier pour des collections d'instruments aratoires et de machines. Cette dernière collection se compose de 105 №№ d'instruments d'agriculture, 6 №№ d'engraissement, 9 de semailles et 9 de récolte, 37 №№ pour le transport et la culture des produits. Le budjet annuel de la chaire d'agriculture est de 3600 roubles, dont on dépense 1600 pour le champ expérimental. Les occupations pratiques d'agriculture pendant l'été consistent pour les étudiants en investigations sur la marche du développement des représentants de tous les groupes des plantes agricoles; les étudiants font dans ce but des herbiers sur les phases du développement de ces plantes, mesurent la grandeur de la croissance des parties aériennes et souterraines de la plante; ils font des herbiers d'herbes

---

*) Le catalogue des plantes semées est publié annuellement et distribué gratis aux étudiants et à tous ceux qui le désirent

mauvaises, qui croissent sur les champs occupés par les plantes examinées et des observations sur toutes sortes de lésions et de maladies, qui s'y rencontrent.

Dans le laboratoire, les étudiants s'occupent d'après une métode simplifiée, de la bonification du sol, occupé par les plantes observées, et après la récolte, ils doivent préciser la qualité des semences récoltées.

En outre, on fait plusieurs fois par semaine des excursions dans le champ expérimental et dans le jardin botanique des plantes agricoles sous la direction des professeurs et de leurs assistants.

Le cabinet de Zootechnie générale et spéciale. Les ressources pour les études spéciales, qui ont rapport à la Zootechnie générale, se composent des collections des matières fourragères et d'herbiers des plantes fourragères, des collections concernant des périodes du développement embryonnaire et post-embryonnaire des animaux domestiques (surtout sur le développement du squelette), des collections de préparations microscopiques, de préparations des microbes patogènes et de celles produisant les maladies du lait. Aux collections d'instruction appartiennent aussi les modèles des silos de différents systèmes, des emplacements pour les animaux, des collections d'instruments grandeur naturelle pour la préparation du fourrage (des hachepailles, des coupe-racines etc...)

Au cabinet est joint un laboratoire pour les occupations des étudiants, qui y font pendant l'hiver des investigations de l'air et de l'eau dans le but hygiénique. On fait des excursions périodiques à la vacherie de la ferme pour étudier l'extérieur des animaux et pour en définir le poids par mesurage.

Le laboratoire possède un petit appareil respiratoire avec un moteur à eau. Près du laboratoire se trouve une basse-cour expérimentale pour le menu bétail, améliorée en 1885 et adaptée pour l'emplacement de 20—30 pièces de menu bétail. Jusqu'à présent, on y a fait des investigations sur la formation de la graisse animale et sur le développement du squelette ovine selon les différentes conditions de la nourriture.

Les collections qui appartiennent à la zootechnie spéciale peuvent être classées entre plusieurs catégories.

L'ostéologie est représentée par des collections de machoires des bestiaux de différentes espèces, surtout des machoires du cheval, pour la définition de l'âge d'après les dents, par des collections de crânes de différentes races de chevaux, de bêtes à cornes grandes et menues, du gabion, des porcs etc... Il y a dans le cabinet une belle collection de modifications patogènes des os des extrémités du cheval, des anormités et des changements maladifs du sabot.

Avec cette dernière collection se trouve une collection de modèles de tous les cas possibles du forgeage, d'instruments pour le produire et une grande collection des ferrures pour toutes les espèces d'animaux domestiques.

Pour l'art vétérinaire, il y a une grande collection d'instruments pour le soin des sabots et de ceux qui sont employés pendant les différentes maladies et opérations. Il faut y ajouter les collections de préparations des parasites de la race ovine.

Les grandes collections concernant la connaissauce de la laine contiennent des instruments pour l'investigation des qualités de la laine, des différentes sortes de laine selon le lieu de provenance et selon la race, des échantillons des défauts et des particularités de la laine, la marche successive de sa fabrication et des appareils pour la coupe et pour la bonification des brebis.

Pour la production du lait, il y a différents types de séparateurs, de pressoirs de beurre, d'appareils pour le sédiment et l'exploration du lait.

En outre, il y a une collection de poules empaillées, d'incubateurs et d'autres instruments qui s' y rapportent.

L'apiculture, outre les collections de ruches et d'appareils qui se trouvent dans le cabinet, possède encore un rucher modèle, où fonctionnent des ruches de différents systèmes; on y pratique la semaille des plantes mellifères et des expériences sur l'entretien des abeilles. Actuellement (1892) le rucher se compose de 30 ruches de Route, 10 de Berlepsche, 5 anglaises, 5 d'Abbote, 5 de Borisofsky, 2 de Dolinsky, 4 pour l'éducation des reines des abeilles et 2 ruches démonstratives. Les expériences pendant quatre années ont démontre l'avantage indiscutable des ruches de Route, qui s'adaptent aussi bien pour les ruchers qui exploitent le miel fluide, que pour les ruchers qui produisent le miel en rayons.

En même temps, l'apiculture de l'Académie suit dans tous ses détails la méthode américaine, la dernière donnant les meilleurs résultats. Ainsi l'hivernage dans les ruches de Route en plein air fut trouvé parfaitement possible, ainsi que la cave construite d'après le système américain, d'après l'expérience de l'hiver en 1891—92, fut trouvée très pratique.

Se fondant sur son expérience, le rucher de l'Académie recommande et met en vente les ruches de Route et d'Abbote, les augets de Muller, les fumoirs de Bingam, les machines centrifuges américaines, les cadres de Langenstrote sans diviseurs, les sections entières d'une livre, les cellules de Beuton pour l'élevage et le transport des reines des abeilles et les lammelles artificielles de cire artificielle pour les sections et pour les cadres, préparés par les rouleaux de Route et de Goodman.

Il suit incontestablement des observations faites au rucher de l'Académie que, grâce à son aptitude à supporter les conditions dures du climat, sa diligence, sa fécondité, son habitude de sceler le miel avec des belles couvertures blanches, l'abeille noire européenne est préférable même aux espèces méridionales des abeilles. Suivant ces considérations, le rucher de l'Académie est occupé à présent à organiser les adaptions pour l'éducation des reines d'abeilles d'après la méthode d'Alley et Dolittle, dans le but de propager l'abeille locale du Nord dans les pays d'un climat plus doux, que celui du gouvernement de Moscou.

Les occupations pratiques des étudiants sur la zootechnie spéciale consistent dans l'étude de la laine sur les échantillons modèles et dans l'assortiment des toisons. On étudie

Phototypie de la Société J. N. Kouschnereff & C°.

Vue du musée agricol de l'académie.

diverses manipulations avec du lait dans la laiter
direction d'un assistant. En outre, les étudiants prennent part
aux travaux du rucher.

Les excursions pour la zootechnie générale et spéciale ont
lieu souvent en hiver dans les propriétes et aux expositions,
pour étudier la bonification des mérinos, pour observer les
troupeaux de bétail et des haras. Dans ce but, les plus pro-
ches excursions se font aux abbatoires de la ville de Moscou
et dans les écuries des haras de l' État.

Le cabinet de la technologie agricole possède des collections pour toutes les industries agricoles; la collection des
produits de l'huilerie, de la distillation sèche de bois, de la
fabrication du goudron etc. sont très complètes, les collections de tourbe des différentes localités de la Russie et
celles des produits de raffinerie de sucre et d'amidon occupent
aussi une place considérable. Auprès du cabinet existe un
laboratoire pour toutes sortes de travaux techniques et ana-
lytiques. Les étudiants y sont occupés de l'analyse de la
betterave à sucre et de ses produits, de la détermination de
l'amidon dans les différentes matières brutes, de l'esprit de
vin, des qualités techniques du bois de chauffage, ainsi que
des analyses de vin et de la bière.

La chaire d'économie rurale et de statistique n'a pas
de cabinet spécial et toutes les ressources se bornent à
une petite collection, dont on se sert pour l'enseignement de la statistique agricole. Il entre dans cette collection de grandes cartes de Russie et d'Europe, pour la
démonstration des cartogrammes, des réseaux pour dessiner
des diagrammes et des cartogrammes et diagrammes cons-
tants. Il y a aussi une petite bibliothèque de renseignements
qui est au service des étudiants, sans leur donner le droit
d'emporter les livres à la maison. Les études pratiques des
étudiants consistent dans le séminaire de statistique et en
exercices de comptabilié.

Cabinets des sciences fondamentales.

Le cabinet de *physique* et de *météorologie* est muni d'une grande
collection d'instruments et d'appareils pour toutes les branches

de la physique. Les collections dans les sections de l'électricité et de la lumière sont particulièrement complètes. Le cabinet possède une chambre de batterie, située dans le sous-sol où se trouve aussi un appareil pour obtenir le gaz tonnant. Ce dernier ainsi que l'électricité sont conduits dans le cabinet et dans l'auditoire. La chambre de batterie est réunie par un téléphone au cabinet et à l'auditoire. Il y a près du cabinet une chambre de travail et une chambre d'étude pour les étudiants.

La station météorologique a été fondée en 1879 et les observations y sont faites sans interruption depuis le premier janvier 1879. Elle se trouve près du champ expérimental. Tous les éléments météorologiques les plus importants, savoir: la pression atmosphérique, la température et l'humidité de l'air, la température sur la surface du sol et à plusieurs profondeurs jusqu'à 2 mètres, les dépôts atmosphériques, la quantité de l'eau évaporée, la direction et la vélocité du vent, sont à présent investigués à l'aide d'appareils, qui exigent des comptes périodiques, et aussi à l'aide d'appareils régistrants, savoir: l'anémographe d'Edi, le barographe à mercure de Rédier et métallique de Richard, thermographe, hygrographe et pluviographe de Richard. En outre, on fait des observations sur le ciel nébuleux, sur la direction du mouvement des nuages, sur les orages et les tempêtes. Enfin on opère encore une série d'observations sur la chaleur solaire, et dans un but spécial, on explore principalement la radiation générale en rapport avec les observations sur la durée de l'insolation, d'après l'héliographe de Campbell et Mychkine.

On se sert pour les observations sur la radiation de l'actinomètre d'Arago-Davy et de Richard. Par suite de ces problèmes spéciaux de l'observatoire, on produit deux sortes d'observations de terme: à 7 heures du matin, a 1 heure après midi et à 9 heures du soir avec tous les instruments, et à $9^1/_2$ heures du matin, à midi et à $2^1/_2$ heures après midi d'après le temps vrai, avec l'actinomètre, le baromètre, le psychromètre, l'anémomètre et aussi sur le ciel nuageux. Les résultats des observations météorologiques sont imprimés deux fois par an en forme d'appendice aux bulletins de la Société Impériale des naturalistes de Moscou et dans les annales de l'Observatoire Central de Physique.

Le *laboratoire de chimie* est placé dans un bâtiment particulier; il est composé de deux grandes sections pour l'analyse qualitative et quantitative, avec deux chambres particulières: à balances et à gaz hydrogène sulfureux; en outre, pour les travaux de la chimie agronomique, on possède une section particulière avec une chambre à part pour les balances. Dans le même bâtiment se trouvent l'auditoire, les cabinets des professeurs, la bibliothèque chimique et le dépôt des matériaux et des appareils et ustensiles.

Les dimensions du laboratoire permettent les occupations simultanées de 90 étudiants, dont chacun est obligé de s'occuper pendant trois semestres: d'analyse qualitative, quantitative et de chimie agronomique. Outre les travaux obligatoires par chaque section, après les avoir achevés, les étudiants entreprennent des investigations plus compliquées, et peuvent à volonté continuer leurs occupations, si la place le permet.

Outre les ustensiles et les adaptations nécessaires pour des travaux ordinaires des étudiants, le laboratoire possède une grande collection d'appareils physiques et chimiques, qu'on emploie pour les démonstrations et les travaux scientifiques; il y a aussi une grande collection de préparations chimiques.

Le cabinet de minéralogie contient une grande collection de minéraux (4000 №№), parmi lesquels ceux de l'Oural sont les mieux représentés, ainsi que plusieurs minéraux d'Angleterre, d'une grande rareté: il y a encore une collection de minéraux (3000 №№), don du professeur Auerbach; une collection assez complète de fossiles des différentes formations (plus de 7000 №№): parmi ces derniers, une place importante est occupée par les parties du squelette d'Elephas primigenius, Rhinoceros tichorinus, la mâchoire inférieure d'Elasmotherium, Ursus speleus, Bos priscus, Cervus claphus. La collection démonstrative contient plus de 1000 №№ de minéraux et une collection de modèles de cristaux de toutes les systèmes.

En outre, le cabinet contient aussi une collection de roches (700 №№), celle de météorites (120 №№), plusieurs petites collections pour la caractéristique de différentes localités de la Russie, une collection de cristaux naturels (120 №№) et des minéraux pseudomorfiques. Le cabinet est richement muni de microscopes, d'instruments et d'appareils pour les travaux scientifiques sur les questions de minéralogie, géologie, paléontologie et pétrographie. Dans le cabinet, les étudiants s'occupent de travaux pratiques sur la minéralogie et la cristallographie.

Les collections du *cabinet* de *botanique* sont composées d'herbiers, d'un riche assortiment de tableaux pour la lanterne magique sur toutes les branches de la botanique et particulièrement sur la micologie, des collections de plantes et de leurs parties. Outre ces matériaux et les différents appareils pour la démonstration dans l'auditoire, le cabinet de botanique possède aussi un riche héliostate de Foucault et un grand nombre de microscopes, ainsi que des appareils pour les recherches scientifiques.

Il y a aussi pour les expériences scientifiques une petite serre-chaude, située sur le champ expérimental. En hiver, les occupations pratiques des étudiants consistent en études d'hystologie des plantes et au printemps, en définition des plantes d'après des exemplaires vivants. Comme ressource pour ces études, il y a un petit jardin botanique et une serre-chaude.

Le *cabinet de zoologie*, celui d'anatomie comparée et physiologie des animaux est principalement muni de collections de zoologie, d'anatomie et d'ostéologie.

Il y en a en outre une grande collection systématique d'insectes nuisibles pour les champs et les forêts. Les collections de physiologie des animaux contiennent beaucoup d'appareils physiologiques, de préparations et de modèles.

Le cabinet renferme aussi une bibliothèque d'ouvrages à consulter et un grand nombre de microscopes et d'instru-

Phototypie de la Société J. N. Koutschneroff & C⁰.

Le musée forestier de l'académie.

ments. Les travaux pratiques des étudiants consistent dans l'étude des parties du corps des insectes et dans la définition des insectes qui ont été collectionnés par les étudiants pendant l'été. Pour étudier l'anatomie des animaux domestiques, on fait des dissections, et des vivisections pour l'étude de la physiologie.

Les cabinet des sciences auxiliaires.

Les cabinets de sylviculture et de taxation forestière se trouvent dans un bâtiment particulier, qui porte le nom de Musée forestier.

On peut distribuer les collections dont dispose la chaire de sylviculture dans les groupes suivants:

Collection d'instruments de grandeur naturelle: instruments de récolte et pour l'étude des grains (11 №№), instruments de culture (151 №№), instruments de surveillance (36 №№) et de matériaux forestiers.

Collection de modèles de bâtiments (11 №№); une riche collection de modèles d'instruments de culture (234 №№), d'exploitation et de transport (151 №№).

Collection des bois, des fruits et des graines de différentes espèces d'arbres (1389 №№): collections des maladies de différentes parties de l'arbre, provenant de différentes causes.

Collection de modèles des plantes, des préparations et des herbiers (111 №№).

Collections de sols forestiers et des engrais (130 №№).

Il s'y trouve aussi une collection de dessins, de plans et de tableaux (439 №№) et une biblothèque pour les renseignements.

Le cabinet de taxation forestière contient une riche collection d'instruments pour définir la longueur et la largeur des arbres abattus et des arbres vivants, et une collection de xylomètres et d'instruments pour la détermination de l'accroissement de la masse.

Le cabinet possède aussi une collection des arbres, qui sont intéressantes sous le rapport de la taxation et une riche bibliothèque d'ouvrages à consulter, qui contient des livres, des tableaux, des plans, des cartes et des comptes-rendus forestiers. Il y a près du cabinet une chambre de travail pour

2

faire des investigations sur les sols forestiers, les semences et pour les travaux de taxation.

Les occupations des étudiants dans le cabinet ont lieu en hiver et consistent à se familiariser avec les espèces des bois, à l'aide de la définition du bois, des branches avec et sans feuilles, des graines et des germes, en définition de l'accroissement à l'aide de méthodes différentes, définition de la rente du sol et de la valeur des plantations.

Le cabinet de mécanique agricole contient une collection de modèles, dont on se sert pour les leçons de mécanique générale et agricole. Pour les travaux pratiques, on se sert des instruments qui appartiennent au champ expérimental.

Les travaux pratiques en mécanique consistent dans le dessin des courbes d'ordres supérieurs, dans le dessin d'après les contours et d'après nature.

Les travaux pratiques en été consistent à démonter et à rassembler les principaux instruments agricoles typiques. Le cabinet d'architecture et de génie rural contient une collection de modèles de différentes constructions spéciales; une collection d'instruments qui s'emploient dans des travaux spéciaux (tels que le drainage, l'irrigation etc ..), une collection de matériaux de construction.

Le cabinet de Géodésie et d'arpentage contient une collection d'instruments pour le mesurage des angles, des lignes, pour le nivellement, des collections de plans modèles et une bibliothèque de renseignements. Au cabinet est annexée une chambre pour le dessin des plans. Les travaux consistent en exercices du dessin des plans, en calcul des aires par différentes méthodes, en solution de thêmes géodésiques etc...

Les travaux d'été consistent en arpentage à l'aide de différents instruments et en nivellement.

Ressources d'enseignement de caractère instructif-économique.

La ferme est l'institut le plus important pour faire connaître aux étudiants la pratique de l'agriculture Elle existe depuis l'an 1862 et occupe une aire près de 200 hectares; de ce nombre, 120 hec. de terre arable, divisée en 12 champs à 10 hec. chacun; les prairies et les pâturages occupent 53 hec. et la métairie 4 hec. Les principaux bâtiments de la ferme sont disposés en carré avec une cour intérieure. Une partie est occupée par les logements des ouvriers, la laiterie, le reste par les écuries, une remise pour les machines, un hangar pour le blé, un sous-sol pour les racines et les ateliers. La basse-cour et la grange sont disposées à part.

Le sol de la ferme peut être caractérisé comme argilo-sablonneux profond et fertile, et il doit ses bonnes qualités principalement à une culture rationnelle prolongée. Le pâturage et une partie des prairies occupent un sol fin, compacte, poudreux, facilement marécageux à cause de sa perméabilité insuffisante.

L'assolement qui existe à présent, établi en 1866, est le suivant:

1.	Jachère (engrais de ferme).	7.	Jachère occupée (gesse avec avoine, racines, maïs fourrager).
2.	Seigle d'hiver.		
3.	Herbe (trèfle et fléole).	8.	Seigle.
4.	Herbe.	9.	Herbe.
5.	Herbe.	10.	Herbe.
6.	Avoine.	11.	Herbe.
		12.	Avoine.

Outre ces plantes, on cultive sur les jachères des plantes annuelles céréales et fourragères en quantité peu considérable et des pommes de terre.

Parmi les plantes d'automne, on cultive en petite quantité le blé d'automne et puis les plantes à racines et les pommes de terre, les blés d'été au lieu des céréales d'automne.

La seconde et la troisième année, les herbes ne donnent qu'une seule fauche, après laquelle ils servent de pâturage. Outre le trèfle et la fléole, on cultive aussi d'autres herbes comme: Avena elatior, Festuca Pratensis, Dactylis glomerata, Bromus inermis, Poa pratensis et Trifolium hybridum.

Enfin sur le champ d'avoine, on cultive souvent des pommes de terre, du lin et d'autres plantes.

2*

Après les herbes, la terre est cultivée avec des charrues de Howard et de Ransom. On se sert des herses de Howard et du cultivateur de Randal.

La culture des autres champs se fait à l'aide des charrues de Sack et des charrues à plusieurs socs d'Eckert et de Liphart. La première culture de la jachère se fait en automne à l'aide des charrues de Sack, et la seconde en été à l'aide des charrues à plusieurs socs. Une partie de la jachère est cultivée pour les plantes à racines avec les charrues de Sack, avec le défonceur du sol et sans lui.

L'engrais est distribué sur les champs pendant l'hiver et au printemps en quantité de 2400 pouds par hectare. L'enfouissement se fait au printemps. Outre l'engrais des étables, on applique quelquefois des phosphorites, des os en poudre. du composte.

On n'emploie la brizemotte que dans les cas exceptionnels sur un sol trop couvert de mottes.

On sème tous les céréales d'automne et d'été, excepté l'avoine, avec les semoirs à rang de Sack; l'avoine — avec le semoir à dispersion de Behrman; les herbes au printemps avec le semoir centrifuge de Buyste.

Plusieurs ennemis des plantes agricoles nuisent aux semailles d'un an à l'autre; tels sont: Agriotes lineatus sur les champs de seigle, l'oscinis frit sur l'orge et l'avoine; le Bruchus pisi sur le pois, le Chlorops taeniopus sur le seigle et les différentes espèces de Haltica sur les crucifères.

L'ennemi le plus cruel des céréales d'été, principalement de l'avoine, est la Puccinia graminis. Un dommage assez considérable aux semailles du maïs et des blés est porté par les grolles et par les moineaux au froment mûr. (Suit la table des récoltes annuelles).

Sans entrer dans une analyse détaillée de la table des récoltes, on peut constater généralement l'augmentation de toutes les plantes principales. Relativement aux herbes fourragères et au foin des prairies, au contraire — une certaine tendence à la diminuation.

L'incertitude des récoltes de pois et de gesses dépend du

L'allée des mélèzes entre l'académie et la gare de chemin de fer
de St.-Petersbourg.

degré du mal que leur apportent les attaques du Bruchus, qui sont en rapport avec les conditions du temps. De même concerne les choux et les tourneps.

Pour comparer les récoltes des céréales de la ferme de Pétrovskoë avec celles des économies des propriétaires et celles des paysans de la Russie Européenne, nous pourrons fournir quelques données statistiques.

La récolte moyenne de seigle dans toutes les propriétés privées de Russie, d'après les données du Département d'Agriculture pour la durée de 1881 — 88, est de 6,02 tchetvertes par hectare et 5,08 tchetv.—dans les économies des paysans.

Les récoltes de seigle dans la Russie du Nord (sans terre noire) atteignent 6,33 tchetvertes pour les grandes propriétés et 5,24 pour celles des paysans.

Nous avons pour l'avoine, dans le même intervalle de temps, pour toute la Russie, 8,3 tchetv. dans les grandes propriétés et 7,22 dans celles des paysans. Les récoltes de l'avoine dans la Russie du Nord (sans terre noire) sont 8,49 tch. pour les grandes propriétés et 7,41 pour celle des paysans.

On emploie une partie du seigle, de l'avoine et du froment pour couvrir les besoins de la semaille; le reste est vendu (près de 80%). Le plus grand débit est celui des espèces suivantes du seigle d'automne: le seigle de Probstei, de Champagne, des Alpes, de Walderdorf, de Zélande de S-t Jean; puis les blés d'automne: de Frankstein et Sandomirka, et le blé d'été — Krasnokoloska; parmi les avoines, on vend l'avoine française, d'Australie, de potato et Chatilovsky; l'orge chevalier, de Kent, l'orge nu et enfin les grains de fléole.

Les grains des autres plantes se vendent très rarement et dans une quantité insignifiante.

L'élévation du bétail à la ferme a pour but la production des animaux de race; ce ne sont que des brebis de différentes races qu'on élève exclusivement dans des buts démonstratifs.

Au commencement de l'activité de la ferme, son troupeau de bêtes à cornes comptait 36 têtes de la race russe, puis ce bétail a été remplacé par des races de Suisse et de Hollande et en outre on a, dans le but d'instruction, celles de Shorthorne et d'Ukraïne.

A présent (1891) le troupeau se compose.

	Boeufs.	vaches.	veaux.	total.
De la race hollandaise .	2	24	16	42
» » » Suisse . . .	2	20	13	35
En tout	4	44	29	77

On ne tire de ce troupeau chaque année que quelques animaux adultes qui sont vendus comme animaux de race. Il n'y a proprement que les veaux que la ferme vend dans le but de reproduction.

Pendant la dernière dixaine d'années (1882– 1891), on a vendu 265 exemplaires, qui sont distribués dans plus de 150 propriétés, situées dans 50 gouvernements de la Russie.

L'entretien des bêtes à cornes est exclusivement celui d'étables, car le pâturage ne leur sert que pour promenade.

La vente du lait est par elle même un article essentiel de revenu, provenant du troupeau de la ferme. La quantité moyenne du lait de chaque jour est 0,77 vedro par vache de race hollandaise et 0,63 par vache suisse. On vend presque tout le lait immédiatement sur place et on l'envoie à Moscou. La production du beurre et d'autres produits laitiers ne se font que dans le but instructif et démonstratif et pendant le carême et l'été.

Pour conserver et refaire le lait, il existe une laiterie, garnie des instruments nécessaires, de machines et d'un moteur à vapeur.

Pour former un haras portier de chevaux de somme, on a employé, dès la fondation de la ferme, les chevaux de la race des Ardennes et le haras recevait jusqu'en 1870 un subside supplémentaire de 3000 roubles. Plus tard, on a fait l'expérience de l'introduction des chevaux de train, de Kleidesdal et de Percherons, l'acquisition des producteurs Ardennes pur sang étant très difficile.

Grâce à une variété d'espèces introduites à plusieurs re-
prises, il existe une grande variété parmi les chevaux, de somme
et on peut les ranger sous les catégories suivantes: (1890).

	Kleidesd. Ard.	Ard.	Ard. russe.	de somme.	total.
Étalons . .	—	4	—	3	7
Juments . .	3	14	1	3	21
Poulains . .	2	7	—	—	9

(jusqu'à 3 ans.).

Les poulains qui ne restent pas pour la remonte sont
vendus comme animaux de race.

L'élevage des porcs à la ferme date de 1869; on a intro-
duit au commencement la race de Windsor, mais à cause de
son exigence et de peu de débit au marché russe, cette
race a été remplacée par celle de Berkshire, qu'on avait
acquise en partie en Russie, en partie en Angleterre. Il y
avait pendant quelque temps à la ferme plusieurs exemplaires
de la race Jorkshire.

L'élévation de la race ovine à ferme a un but exclusivement instructif; c'est pourquoi il existe un petit troupeau
de brebis de différentes races russes et étrangères.

Les occupations des étudiants à la ferme sont très variées.

Les étudiants de 2-me et 3-me année s'y occupent pendant
les mois d'été. Ces occupations consistent en:

Service alternatif au champ, à la basse-cour et à la laiterie; les étudiants y apprennent à connaître différentes opérations agricoles, ils y prennent part eux-mêmes et en font
le compte-rendu détaillé;

Les entretiens journaliers après l'achèvement des travaux,
sur les questions d'économie, qui surgissent pendant la
journée à propos de ces travaux.

Exercices sur diverses manipulations agricoles qui exigent
une certaine habitude, ainsi que le maniement des instruments et des machines, avec lesquels ils se familiarisent
sous la direction des assistants.

Excursions avec l'intendant de la ferme et ses aides, qui servent aux étudiants à connaître à fond tous les détails des conditions physiques et économiques de la ferme.

Participation aux épreuves des instruments et des machines, qui sont envoyés pour ce but par les différents fabriques et dépôts.

En outre, chaque année, plusieurs étudiants de 4-me année restent en qualité de praticiens, pour étudier l'économie dans tous ses détails, pour s'occuper des questions spéciales d'économie rurale, en se servant du matériel qui se trouve dans les archives de la ferme.

Le district forestier de l'Académie a été organisé en 1863; il occupe 235,8 hectares. Le sol de la forêt est argileux, il contient une quantité variée de matière organique et un sous-sol argileux imperméable. Les principales espèces d'arbres sont: le pin (120 ha.), le bouleau (45 ha.), le tremble, le chêne, qui était il y a 200 ans l'espèce prédominante, mais qui cède successivement sa place au pin et au bouleau. Les espèces qu'on cultive à présent artificiellement et qui n'ont qu'une signification secondaire sont: le sapin, le tilleul, l'érable, le frène, le sapin blanc, le larix et le pin de Weimouth. Les espèces secondaires sont: l'acène blanc et noir, le genévrier, le nerprun, le pommier, le poirier, le saule. En outre, dans les endroits humides, croît très bien le saule à corbeilles.

Le district forestier est divisé en 14 quartiers. Tous les soins de l'économie forestière sont à présent pour l'espèce dominante — le pin, pour laquelle on a établi un visement d'abatage de 60 ans; une seconde espèce très avantageuse — le bouleau, a un visement d'abatage de 40 ans. On vend le bois de construction et de chauffage aux habitants des environs.

On désigne aussi annuellement dans quelque quartiers des abatages d'intervalle et des abatages de choix pour les chênes et les bouleaux vieillis dans les quartiers éloignés.

En moyenne, les abatages principaux donnent (1868—1886) du bois de construction jusqu'à 3300 pieds cubes, du bois

Phototypie de la Société J. N. Kouschnereff & C°

La ferme de l'académie

de chauffage 15.300 pieds cubes et des broussailles 122.000 p.
cub.; les abatages d'intervalle donnent du bois de construction 700 p. cub.; du bois de chauffage 3.800 p. cub.; des
broussailles 12.120 p. cub.; en tout: du bois de construction
et de chauffage jusqu'à 23.100 p. cub., des broussailles 24.300 p.
cub., parfois jusqu'à 47.400 p. cub., de la masse de bois.
En moyenne, le produit net d'un hectare était de 10 roubles et
le produit brut 22 r. 20 cop. Sur les taillis paraissent
par voie naturelle le tremble et le bouleau et très peu de
sapins. C'est pourquoi les espèces abattues sont renouvelées
par des plantations artificielles.

La surface des pépinières de la forêt est à présent de 4 hectares. On vend aussi le surplus des arbustes.

Dans le but instructif et pour répandre dans les forêts
russes les semences de bonne qualité, on a construit en 1881
une séchoire des semences.

La forêt souffre peu des vents et des incendies. Les ennemis les plus sérieux parmi les insectes sont: Curculio pini
pour les jeunes plantations et Hylesinus piniperdu pour les
plantations voisines des dépôts des matériaux forestiers. La
culture de jeunes arbres souffre souvent des gelées.

Le plus grand détriment de la forêt est produit par les parasites végétaux, savoir: Polyporus sulfureus, Igniarius et dryadeus
sur le chêne; le tremble est presque tout à fait infectionné
de pourriture de Polyporus salicinus; les pépinières sont dé-
vastées par Hysterium pinastri.

Pendant l'été, on organise pour les étudiants dans la forêt,
des travaux pratiques, qui ont un rapport intime avec
les occupations d'hiver dans le cabinet forestier. Ces occupations se rapportent à la sylviculture et à la taxation
forestière. Pour la sylviculture, les étudiants définissent
les qualités des grains des espèces d'arbres sur des plate-
bandes et font des observations sur le développement des
arbustes, provenant des semences de différentes espèces.
Les occupations dans la forêt consistent dans la plantation,
d'après les différentes méthodes, des arbustes d'espèces et d'âge
variés. En outre, les étudiants sont tour à tour désignés

pour le service dans la forêt, pendant lequel ils observent les travaux qui se produisent, y prennent personellement part et font des comptes-rendus détaillés de la valeur des travaux.

En taxation, les étudiants assignent les plantations et font leur description et calculent la réserve de la masse de bois sur les aires expérimentales et sur les taillis d'après les différentes méthodes.

Enfin les étudiants prennent part aux excursions pour connaître à fond le district forestier.

En outre, les étudiants peuvent étudier les différents méthodes d'approvisionement forestier dans la cour forestière.

Le district forestier, excepté son caractère économique, sert encore pour les exépriences. On y fait les expériences suivantes: on défini l'influence de mélange des espèces sur la grandeur d'accroissement, l'influence de la semaille, de la plantation sur la marche de l'accroissement des espèces, l'influence de la plantation du printemps et d'automne, du rassemblement de la litière, l'influence du nettoyage et de l'abatage, et l'influence du temps de la plantation. On a assigné pour ces expériences des parcelles d'essais constantes. Dans le district forestier, sur une aire restreinte, existe une culture champêtre.

Les institutions horticoles de l'Académie Pétrovskoë.

Les institutions horticoles contiennent deux sections:

I. La section instructive, décorative et pittoresque se divise en:

1. Section des serres-chaudes qui contient des représentants des espèces les plus importantes de la végétation exotique, comme: Palmeae, Pandaneae, Cycadeae, Aroideae, Musaceae, Orchideae, Filices etc.., ainsi que les représentants des espèces principales de la végétation vivace de la zone tempérée: Hesperideae, Laurineae, Myrtaceae, Coniferae, Liliaceae à feuilles charnues et quelques représentants de la végétation de nouvelle Hollande. Il y a en outre une collection d'arbres fruitiers et d'autres plantes utiles et remarquables du sud, des espèces feuillées et aciculaires et des buissons, comme le raisin, le grenadier, l'oli-

vier, le figuier, le pêcher, l'abricotier, le platane d'Orient, le ménianthe, le cédre du Liban, le cyprès etc... La place qui est occupée par l'orangerie est de 200 toises carrées, divisées en 4 compartiments.

2. Près des serres-chaudes se trouvent les chassis, où l'on cultive les différentes plantes décoratives, pour l'arrangement des parterres pendant l'été, ainsi que les plantes potagères et industrielles du sud, qui ne peuvent pas être cultivées en plein air aux environs de Moscou, comme: les melons, les melons d'eau, les tomates etc... On fait aussi dans les chassis les semailles pour la transplantation en plein air des différentes plantes potagères et commerciales, pour la maturité desquelles l'été local n'est ni assez prolongé ni assez chaud, comme: le chou, le tabac, les tomates et d'autres plantes potagères. Le nombre des cadres de chassis est de 200 pièces.

3. Le jardin du comte Rasoumovsky a été planté, à juger d'après l'âge des arbres, il y à 120 ans, dans le style pur français de Lenôtre. Le jardin est aplané sur 4 petites terrasses peu sensibles. De l'édifice principal conduisent 3 et plus loin 7 allées droites jusqu'à la partie inférieure du jardin, où elles se réunisent de nouveau par trois chemins principaux avec la partie plus jeune, arrangée dans le style anglais ou pittoresque. L'étendue des deux parties est de 15 hectares, à moitié égale pour chaque partie.

4. Le parc, ou la partie pittoresque, donne sur un étang artificiel de 17 hectares avec quatre îles. Ce travail gigantesque a été aussi accompli par ordre du comte Rasoumovsky, en partie par l'extraction d'une énorme masse de terre, en partie par l'établissement d'une digue de 155 mètres à travers le ravin.

Le côté opposé de l'étang est occupé par le parc de plantation naturelle de 18 hectares, qu'on a arrangé à présent dans une style librement pittoresque. La végétation y est spontanée, feuillée et aciculaire, entremelée de prairies et de quelques plantations supplémentaires, qui ont été faites par l'Académie. Les chemins dans cette partie du parc ont été aussi tracés par l'Académie.

Le jardin français, d'un style sévérement soutenu, avec ses allées découpées, avec ses haies vives était négligé même avant que la propriété „Pétrovskoë-Rasoumovskoë fut acquise par le Ministère des domaines en 1861, pour l'établissement de l'Académie agricole; les arbres croissaient librement, tout en conservant les traces de leur ancien support, les haies en tilleul devinrent des arbres à tronc. Dans la partie pittoresque, c'est-à-dire au parc, il y a plusieurs arbres remarquables par leur beauté et leur grandeur, qui se sont développés plus fortement grâce à un espace plus vaste et à une bonne qualité du sol, par exemple: plusieurs énormes sapins (Picea excelsa), des chênes (Quercus Robur), des peupliers du Canada (Populus canadensis) de larix de Sibérie (Larix siberica) et des pins de Weimouth (Pinus strobus).

Parmi les arbres plus jeunes, plantés par l'Académie, il faut remarquer: les sapins blancs de Sibérie et d'Amérique (Abies sibirica et balsamea), les cédres de Sibérie (Pinus cembra) et de thuyas (Thuya occidentalis).

Parmi les autres plantations d'arbres exécutées par l'Académie, il faut mentionner l'allée qui conduit vers la station du chemin de fer de S-t Pétersbourg. Cette allée, de plus d'une verste de longueur, est composée de 800 exemplaires de larix de Sibérie, plantés en 1863 sur 4 rangs, deux de chaque côté du chemin le long des trottoirs. Les meilleurs exemplaires atteignent 7—8 mètres de hauteur et le tronc a $^1/_2$ mètre de diamètre.

5. *Le parterre*. Les deux terrasses supérieures du jardin français (près de 2 hectares) sont occupées par de magnifiques décorations d'été, des plantes florissantes. La disposition générale est ancienne et la nouvelle figuration est faite par l'Académie.

On emploie pour la décoration du parterre annuellement 25,000 plantes fleurissantes. L'accès du jardin et du parc est toujours ouvert au public.

6. *Le jardin dendrologique*. Près de l'ancien jardin et du parc, au sud, se trouve une portion de 17 hectares d'un établisse-

Phototypie de la Société J. N. Kouschnereff & Cⁿ.

Vue générale des bâtiments de l'académie du côté de l'est.

ment plus récent dans un style pittoresque libre. La végétation y est pour la plupart naturelle, mais il y a beaucoup de massifs élevés artificiellement, des groupes et des arbres isolés, séparés par des prairies. Les chemins dans leur aspect actuel sont tracés par l'Académie. La partie orientale de ce parc est occupée par un jardin dendrologique, c'est-à-dire par une collection d'arbres, hivernant en plein air et de buissons des espèces feuillées et aciculaires. Certes, les conditions climatériques du centre de la Russie en général et du gouvernement de Moscou en particulier, avec un froid de —40° C., rendent impossible la culture d'un assez grand nombre de différents arbres et buissons, qu' dans les jardins dendrologiques de l'Europe occidentale, mais cependant le nombre total des espèces et des variétés est de plus de 500, parmi lesquelles 60 aciculaires, qui figurent à présent à l'exposition botanique d'acclimatation à Moscou. Les autres collections particulièrement complètes sont: Rosaceae, Spiraeae, et Salicineae, on a pour ces derniers plus de 200 espèces de variétés d'hybrides.

Malgré la rigueur du climat, quelques espèces septentrionales d'arbres aux feuilles aciculaires, ainsi que feuillés, croissent très bien, même mieux que dans l'Europe méridionale et occidentale; par exemple le sapin blanc de Sibérie, le larix, le cédre, le sapin, le pin, quelques espèces de peupliers, de saccles etc...

Les arbres, qui ne supportent pas nos hivers, comme Acer Pscdoplatanus, Populus pyramidalis, Aesculus Hippocastanum, Carpinus Betulus, Fagus silvatica, Robinia Pseudacacia, Gleditschia triacanthos etc... même le chêne ordinaire, le frêne, l'érable, l'orme originaire de l'Europe occidentale n'hivernent pas ou passent l'hiver sous une couverture et dans les endroits particulièrement défendus, tandis que nos espèces locales hivernent sans beaucoup de peine. Pourtant nos variétés habituées au climat ne sont pas très variées.

Collections de plantes herbacées vivaces, hivernant en plein air. Auprès des collections d'espèces d'arbres, hivernant en plein air, on possède une collection de plantes herbacées vivaces, composée des espèces décoratives, celles des Alpes, qui ont quelque intérêt scientifique, au nombre de 300 exemplaires.

Le sort de ces plantes, en comparaison de celui des arbres est favorable chez nous au Nord. Elles sont défendues par la couverture de neige des froids glacials d'hiver; il y a même des années, quand la neige est si abondante en automne que la terre ne gèle pas tout à fait. C'est pourquoi chez nous les pivoines chinoises passent très bien l'hiver, ainsi que les espèces différentes des Phlox, Dielytra etc... et les nombreuses plantes bulbuleuses, même Hyacinttus candicans et Lilium auratum, sous une couverture légère. La végétation des Alpes et la végétation polaire souffrent le plus chez nous de la chaleur d'été et de la sécheresse, conditions propres au climat continental.

II. La section économique est destinée à la vente des produits. En outre elle sert comme ressource instructive pour l'horticulture.

1) Le potager (4 hectares) sert pour des collections de plantes légumineuses, à racines, épices, de baies et de quelques plantes commerciales et médicinales.

La collection de houblon, près de 20 espèces différentes, occupe un quart du potager.

2) La pépinière occupe l'espace de 10 hec., ce n'est que cette année qu'on l'y a transportée. Cependant tout cet espace n'est pas occupé entièrement par les espèces d'arbres.

On cultive dans la pépinière:

a) Les arbres aciculaires pour les jardins et la sylviculture.

b) Les arbres feuillés et les buissons, dans le même but et pour les haies vives et les lisières.

c) Les sauvageons, pour la greffe des espèces différentes d'arbres fruitiers.

d) Plusieurs arbres fruitiers, tels que: les pommiers, les poiriers, les pruniers et les cerisiers.

e) A la pépinière appartient l'oseraie, quoiqu'elle se trouve dans un autre endroit. Comme les saules servent à lier, tresser, faire des corbeilles, fortifier les rivages, et les sables mouvants, tanner le cuir et enfin comme plantes melifères, ils méritent une attention particulière. Outre tous ces moyens d'utiliser les saules, ils ont une importance particulière pour la Russie, comme matériel des archets, qu'on emploie pour l'attelage des chevaux. On prépare annuellement des millions d'archets, principalement de Salix alba, excelsior et palustris. Puis les perches légères et élastiques de ces mêmes espèces de saules donnent le matériel préféré pour la construction des tentes de nos peuples nomades.

3. Le verger (10 hec.). On cultive de préférence dans le verger des pommiers, des poiriers, des pruniers et des cerisiers. Les pommiers des espèces locales réussissent le mieux; les variétés du sud et de l'Europe occidentale ne supportent pas nos hivers. Les poiriers en général, même ceux d'ici, réussissent mal, excepté dans les endroits particulièrement protégés. Les pruniers et les cerisiers supportent un peu mieux les conditions locales, cependant ils souffrent souvent des froids, mais cela n'a pas de suites très fâcheuses, car ces arbres sont constamment élevés par des bourgeons et se renouvellent souvent par ces derniers Toute la plantation du verger est encore jeune, et il n'y a que quelques arbres qui portent des fruits.

Le résultat de virement de la section économique commerciale est assez favorable, le fond de réserve s'est accru successivement jusqu'à 20,000 roubles.

Le plus ancien édifice de la métairie académique est l'église, construite, selon la tradition, au temps du tzar Alexis Mikailovitch. Le prieur est le professeur de Théologie orthodoxe.

Le personnel de l'Académie jouit des logements dans les bâtiments de la couronne, dispersés dans le métairie académique.

150 étudiants peuvent être logés dans le bâtiment de l'Académie et jouir d'une pension pour un prix moderé. Les autres sont logés dans des maisons privées.

Il existe pour les étudiants dans un logement de l'Académie une salle à manger, qui reçoit annuellement un subside de 6,000 roubles.

Grâce à ce subside, les étudiants ont un dîner de deux plats pour un prix modéré et les étudiants indigents ont leur dîner gratis.

Un hôpital avec pharmacie et un personnel médical sont entretenus aux frais de la couronne (2,000 roubles). Les étudiants et tout le personnel de l'Académie ont le traitement et les médicaments gratuits.

En outre, les étudiants et le personnel jouissent gratuitement des bains et de baignoires.

L'Académie est réunie avec Moscou par une ligne de tramway à vapeur, ce qui donne la possibilité aux habitants de l'Académie de jouir des avantages de la vie urbaine.

voir page 20.

Tableau des récoltes moyennes, par dix ans, des céréales, plantes à racines, herbes pro hectare, des champs et prairies de la ferme de l'Académie Pétrowskoë, de 1861 à 1890.

Années.	Blé d'hiver.	Seigle d'hiver.	Blé d'été.	Orge.	Avoine.	Epeautre.	Pois.	Gesse.	Sarrassin.	Lin.	Pommes de terre.	Betterave.	Carotte.	Turneps.	Navet.	Maïs.	Choux.	Foin de champ.	Gesse en foin.	Foin de prairie.	Gesse avec avoine four. vert.
	Tchetverts.										Racines, pouds							Pouds.			
1861—1870	7,41	11,42	8,55	7,52	15,62	—	8,6	—	—	—	48,21	—	—	—	—	—	—	220	175	150	
1871—1880	9,6	13,16	8,63	11,58	15,73	14,47	10,3	12,5	—	7,3	86,76	1663	1573	2177	1460	1285	2542	234	177	145	900
1881—1890	11,4	15,21	8,96	11,19	16,76	14,08	8,23	11,62	5,9	4,49	92,5	1963	2041	1455	3273	3466	1906	210	199	102	760
	Hectolitres pro hectare.										Racines, kilos pro hectare.							Kilos pro hectare.			
1861—1870	16,20	26,27	19,67	17,30	35,93	—	19,78	—	—	—	110,88	—	—	—	—	—	—	3938	3133	2685	
1871—1880	22,08	30,27	19,85	26,53	36,18	33,28	23,69	28,75	—	16,79	190,33	30868	28157	38968	26234	23002	45502	4189	3168	2596	16110
1881—1890	26,22	30,05	20,61	25,74	38,55	32,38	18,93	26,73	13,57	10,33	212,75	35238	36534	28045	58587	62151	34127	3759	3562	1826	14704